# 科技史里
# 看中国

## 隋唐
### 陶器从此瑰丽多彩

王小甫 ◆ 主编

人民东方出版传媒
People's Oriental Publishing & Media

东方出版社
The Oriental Press

图书在版编目（CIP）数据

科技史里看中国．隋唐：陶器从此瑰丽多彩/王小
甫主编．-- 北京：东方出版社，2024.3
ISBN 978-7-5207-3743-2

Ⅰ．①科… Ⅱ．①王… Ⅲ．①科学技术—技术史—中
国—少儿读物②陶器（考古）—中国—隋唐时代—少儿读物
Ⅳ．① N092-49 ② K876.34-49

中国国家版本馆 CIP 数据核字 (2023) 第 214196 号

**科技史里看中国 隋唐：陶器从此瑰丽多彩**
（KEJISHI LI KAN ZHONGGUO SUITANG: TAOQI CONGCI GUILIDUOCAI）

王小甫 主编

| | | | |
|---|---|---|---|
| 策划编辑：鲁艳芳 | | 责任编辑：金 琪 | |
| 出 版：东方出版社 | | | |
| 发 行：人民东方出版传媒有限公司 | | | |
| 地 址：北京市东城区朝阳门内大街166号 | | 邮 编：100010 | |
| 印 刷：华睿林（天津）印刷有限公司 | | 版 次：2024年3月第1版 | |
| 印 次：2024年3月北京第1次印刷 | | 开 本：787毫米×1092毫米　1/16 | |
| 印 张：5 | | 字 数：67千字 | |
| 书 号：ISBN 978-7-5207-3743-2 | | 定 价：300.00元（全10册） | |
| 发行电话：（010）85924663　85924644　85924641 | | | |

我很好奇，没有发达的科技，古人是怎样生活的呢？

娜娜，古人的生活会不会很枯燥呢？

**娜娜**
四年级小学生，喜欢历史，充满好奇心。

**旺旺**
一只会说话的田园犬。

古人的生活可不枯燥。他们铸造了精美实用的青铜"冰箱"，纺织了薄如蝉翼的轻纱；他们面朝黄土，创造了农用机械，提高了劳作效率；他们仰望星空，发明了天文观测仪器，记录了日食、彗星；他们建造了雕梁画栋的建筑，烧制了美轮美奂的瓷器……这些科技成就影响了古人的生活，推动了中华文明的历史的进程，甚至传播到世界各地，促进了人类文明的进步。

中华民族历史悠久，每个时期都有重要的科技发展。我们一起去参观这些灿烂文明留下的痕迹吧，以朝代为序，由我来讲解不同时期的科技发展历史，让我们一起从科技史里看中国！

**机器人洋洋**
博物馆机器人，数据库里储存了很多历史知识。

# 目录

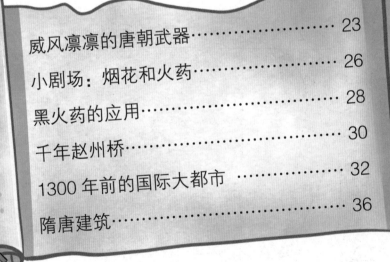

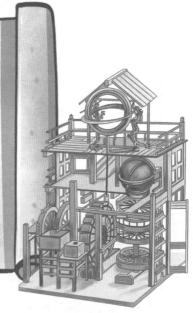

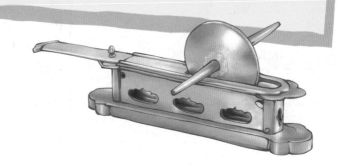

## 小剧场：实地游览运河

我考考你，咱们刚才见面的这座桥叫什么桥？

是杭州的拱宸桥。

你为什么要带我们来看桥呢？

其实我是要带你们看这条河啊。拱宸桥是京杭大运河的起点。

京杭大运河的前身是隋朝的南北大运河。

# 壮阔的南北大运河

在隋朝建立之前，中原经历了数百年的战争，北方的经济、环境遭到了严重破坏，人口凋敝。隋朝建立以后，隋炀帝把国都定在了北方，为了连通南北交通、发展经济，他下令修建贯通南北的大运河。

其实早在春秋战国时期，南方的吴国为了向北运输军队，便开始修建一条名为邗（hán）沟的人造运河。隋炀帝时期修建的大运河就是在邗沟的基础上扩建的。扩建运河动用了几百万人，花费了将近 6 年时间，在当时算得上超级工程。

除了修建南北方向的运河外，隋朝还在三国时期旧河道的基础上，扩建了今常州、无锡、苏州等地的水渠、运河，建成了连通长江、钱塘江的水路运输网。

修建人工运河在当时看来是一件劳民伤财的事，但这项工程却为隋唐及以后 1000 多年的物流运输、经济发展提供了有力的保障。元朝把运河北边的终点改到了现在的北京，从此这条贯通南北的大运河就被称为 "京杭大运河" 了。

# 灌溉工程造福百姓

在隋唐修建的众多水利工程中，除了大运河这样的超级工程外，还有很多关系百姓民生的灌溉设施。

位于浙江宁波的它山堰是唐朝人修筑的水利大坝，该坝设计先进、施工精巧，代表了唐朝工程建设的高水准，是中国水利史上首个用块石砌筑的重力型拦河滚水坝。它山堰修建于公元833年，全长113.7米，集防洪、农业灌溉、蓄水等多种功能于一体。直到今天，它仍在发挥作用。

它山堰堰面

它山堰的堰面上设有条石，条石上刻有花纹，这些花纹可不简单。以前江水淹过堰面时，住在附近的人们必须涉水跨堰，这时最怕脚下打滑，被江水冲走。为了保障行人的安全，工匠们就在堰面的条石上凿刻出了不规则的纹路。我们现在知道，在石面上凿刻纹理，可以增加石板路面的摩擦力，而这个知识早在一千多年前就被唐朝人应用到生活中了。

大家熟悉的诗人白居易在杭州担任刺史的时候，也主持过多项水利工程。白居易刚到任时，就发现杭州长期遭受钱塘江中咸潮的侵蚀，地下水变得又咸又苦，百姓从井中汲取的水根本无法饮用，不得不千里迢迢到西湖取水。为了改变这种情况，白居易通过埋设瓦管、铺设竹筒等形式，将西湖水引导到6口水井中；他还主持修建了西湖东北岸一带的捍湖大堤，增加了西湖的储水量，这些工程有效改善了杭州水文环境，保证了农田有水灌溉、百姓有水喝。公元824年，白居易还写了《钱塘湖石记》一文，刻成石碑立在湖岸上，这篇碑记成为关于西湖水利的重要历史文献。

　　说起鱼米之乡，人们往往会想到江南。的确，我国长江中下游地势低平、水网密布，很适合耕种水稻。在唐朝中后期，大量平民为了躲避战乱，纷纷往南方迁徙。随着南方人口的增加，开垦新稻田的需求日益凸显。人们经过长期实践，创造出了一种棋盘化的"塘浦圩田"系统。人们通过通河道、筑堤坝、建水闸，将水田与水网结合在一起，这能够同时实现治水和治田，有效地增加了粮食产量。

圩堤

潆沼

沟渠

聚落

圩田基本结构示意图

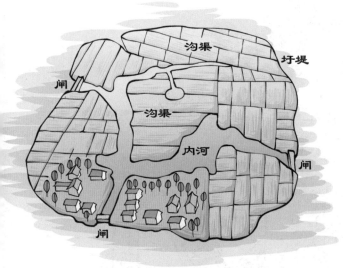

沟渠

圩堤

闸

沟渠

内河

闸

闸

圩田复合结构示意图

西湖白堤

　　唐朝至五代时，人们还大规模修筑了钱塘江下游的海塘：公元 713 年，唐朝人重修了浙西海塘 62 千米。五代时期，吴越王命人在杭州海塘设置了大量装石竹笼，还打下 10 余排木桩减退潮势。海塘的建设保护了当地居民的安全，是造福百姓的工程。

# 水利机械的革新

隋唐水利科技的发展还体现在灌溉机械上。隋唐以前，人们发明了一种筒车，它是以水流作为动力的农田灌溉机械。筒车一般安装在有流水的河边，先挖出地槽，把水引入地槽，让水形成的急流推动水轮转动，水流被筒车叶片带到高处，再流向引水渠。后来，人们在筒车的基础上，发明了高转筒车。这项机械由人力或畜力带动，能把水从低处引向高处，对农业灌溉非常有帮助。

筒车复原模型

筒车又叫天车，是一种在河边提水的装置，只需借助水力运转。筒车由立式水轮、竹筒（水斗）、支撑架等部件组成，水轮直径的大小、竹筒的数量都取决于河岸高度和水流缓急程度。其设计理念体现了省力、高效、方便的原则。

高转筒车复原模型

通过人力或畜力转动高处的卧齿轮，可以带动链条运动，将灌满水的竹筒拉到高处，进行农业灌溉。这种机械省去了人们从河边提水的麻烦。

高转筒车是提水高度比一般筒车更大的机械，这种筒车适用于水面低矮、水流湍急，而江岸坡度大、地势高的环境。筒车上下两端设有木架，木架上装有木轮，轮径约 1.2 米，轮缘旁边高、中间低，当中做出凹槽，以加大轮缘与竹筒的摩擦力。

人们借鉴高转筒车的原理，还发明了一种用于从深井中提水的工具——井车。井车由卧齿轮、立齿轮、立链轮以及一串木水斗组成。使用时，通过人力或畜力搅动机械顶端的卧齿轮，牵动水斗，使水流入簸箕和田地中。这种机械很适合我国雨水稀少、水位较低的北方地区。

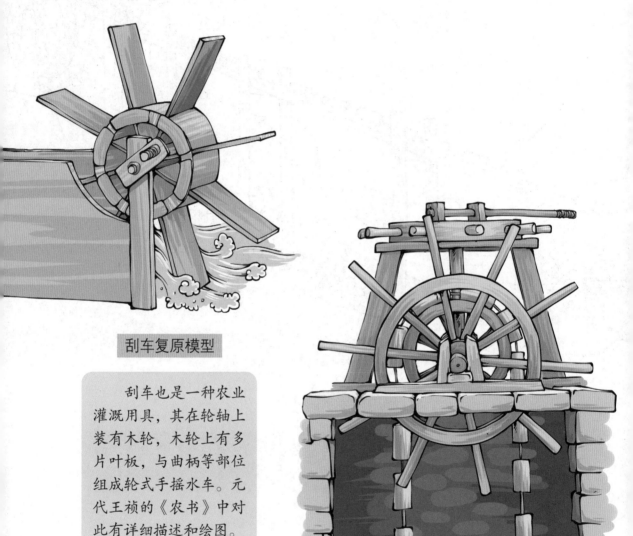

刮车复原模型

　　刮车也是一种农业灌溉用具，其在轮轴上装有木轮，木轮上有多片叶板，与曲柄等部位组成轮式手摇水车。元代王祯的《农书》中对此有详细描述和绘图。

井车复原模型

　　根据史料推测，这种机械大约出现于唐代。后来，人们还将这种机器应用于盐井汲盐水。

## 先进的船舶技术

唐朝的造船技术远远领先于当时的其他国家。唐朝海船大多选用坚硬的楠木，用桐油石灰涂抹木板缝隙，海船两舷设有浮板，具有良好的抗沉性和稳定性。当时的大海船长约 66.67 米，可载客 600—700 人！由于船体坚固，抵御风浪的能力很强，所以非常适合海上运输。公元 859 年，从宁波航行到日本值嘉岛，中国商船仅用了 3 天时间。

唐代宁波商船想象图

17

隋唐时，由于国家安定，商贸得到了快速发展。漕运和海上贸易的兴盛，也使更多船舶新技术得到了应用。

唐代海船还创新地使用了"水密隔舱"设计，即将大船舱用隔舱板分隔成一个个独立的、不透水的小船舱。采用隔舱设计的船只，即使船身某处发生了破损，水灌了进来，海水也只会被阻隔在相应的隔舱内，不容易造成整艘船舶倾覆。这种设计直到1000多年后，才被西方效仿。

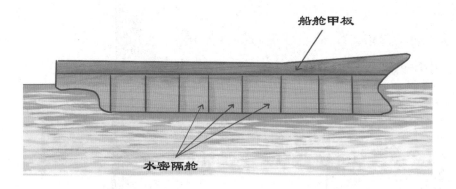

船舱甲板

水密隔舱

水密隔舱

　　水密隔舱的设计提高了船舶的安全性和远航能力，另外，不同货主将货物保存在不同的隔舱里，存货、取货都更方便了。

唐朝李皋在总结前人技术的基础上，制造了车船。这种船用轮子一样的翼桨取代了普通船桨，行驶中需人来踩动，可以实现连续推进，行进速度很快，是当时名副其实的快艇。车船后来在宋代得到了大规模应用，成为了水战中的"奇兵"。直到20世纪70年代，我国南方仍在使用少量车船。

南宋"飞虎战舰"想象图

## 不会漏炭火的香炉

隋唐时期，人们根据物理学知识做出一种名为"常平架"的机械，并在这种机械的基础上，发明出一种不会漏出炭火的香炉。

这种香炉是一个圆形镂空球体，雕花球内设有金属架（支撑座）和金属碗，将火炭放入碗中，无论外层的镂空球体如何翻滚倾斜，金属碗都会保持水平，不会让火炭洒出来，所以古人常把这种香炉放在被窝或袖口中。

在 16 世纪时，意大利人希·卡丹诺利用"常平架"的原理制作出了陀螺平衡仪，并将其应用于航海，后来，陀螺平衡仪更是成为飞机、轮船、导弹中必不可少的设备。可惜的是，我们的祖先只将这种机械应用到日常生活用品当中，没有做进一步科学开发。

唐代"被中香炉"

设有"常平架"的香炉在陕西西安沙坡村、法门寺地宫中都曾出土过。这种香炉在唐代贵族中很受欢迎。当人们翻转雕花球外壳，球体中间的碗因重力的作用，始终保持碗口向上。

# 巨大的铁"怪兽"

沧州铁狮

在河北沧州，矗立着一尊巨大的铁狮子，它身长约 6.26 米，通高约 5.47 米，重约 32 吨。狮子的背上托着一只莲花座，说明它不是普通的狮子，而是传说里菩萨的坐骑。铁狮制作于公元 953 年，关于它的用途有多种说法，有人认为它是矗立在庙宇前的雕塑，也有人说它是当地居民为镇海啸而建造的异兽。不过无论出于什么目的建造了它，都说明了当时冶铁业的发达。

小知识

沧州铁狮是"河北三宝"之一，沧州的别称"狮城"也是由此而来。

隋唐五代时的铁"怪兽"并不止这一只。山西永济蒲州古城西门外黄河东岸矗立着几只巨大的铁牛。铁牛铸于公元 724 年的盛唐时期，是蒲津渡浮桥的桥桩。蒲津渡浮桥现在很少人知道，但在唐朝，它连通着长安和蒲州，是全国的运输命脉。这样一座重要的桥梁，自然要用当时最好的技术来建造了。

蒲津渡浮桥铁牛及铁人

蒲津渡浮桥遗址出土了 4 尊铁牛、4 个铁人、2 座铁山、1 组七星铁柱和 3 个土石夯堆。4 尊铁牛每尊的重量达 45—72 吨。

铁牛身体下方连着铁柱，铁柱斜插入地面，为浮桥提供了支撑。浮桥巧妙地利用了反作用力，是唐朝建筑力学的高水平体现。唐朝为建造蒲津渡浮桥使用了约1100吨铁，占当时全国年产铁量的五分之四。这座桥后来使用了约500年，直到黄河改道，才被埋入地下。

蒲津渡浮桥想象图

当时高超的冶炼技术不仅体现在大型铁"怪兽"上，还体现在精细的金银器上。

唐朝的疆域庞大，西亚、中亚发达的金银锻造技术通过西域流入了中原，推动了中原冶金工艺的发展。我们今天能看到的唐代金银器，往往带有浓厚的异域风格，这正是因为受到了中亚文化的影响。这些精美的器物不仅展现了唐代工匠的高超技艺，也见证了西亚、中亚民族与唐朝的友好交往。

鸳鸯莲瓣纹金碗

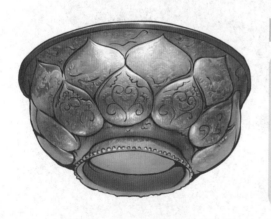

出土于陕西西安何家村，现收藏于陕西历史博物馆。碗壁有上下两层向外凸鼓的莲花瓣纹，每一个莲瓣单元里都錾（zàn）刻有装饰图案。据推测，这件金器精品是皇家使用的酒器。

## 威风凛凛的唐朝武器

在冷兵器时代，最重要的单兵装备是刀。而唐刀在工艺技术、设计形制方面都达到了新的高峰，充分反应唐朝的军事科技水平。

唐刀分为横刀、障刀、陌刀、仪刀几种形制，其中最让敌人闻风丧胆的当属陌刀，这是专门用来对付骑兵部队的重型刀具，可以斩杀敌人的骑兵。

由于陌刀很重，必须要身体强壮、力大无穷的人才能使用，所以军队中会专门设置陌刀队和左右陌刀将。陌刀杀伤力大、制作工艺复杂，在唐代受到了严格监管，除军队以外，百姓严禁私自制作陌刀，这让陌刀的制作方法愈加神秘。可惜的是，随着唐朝的灭亡，陌刀的工艺已经失传，曾经骁勇善战的陌刀队也消失在了历史的长河里，成为一个传说。

**小知识**

陌刀长约 3 米，重量在 7.5 千克以上，双面开刃，能够穿透铠甲、斩伤马匹，杀伤力极强。

唐朝陌刀队

如果说陌刀是唐军的撒手锏，那么横刀就是普通士兵的基础配置。横刀是一种长柄刀，它的形制承袭汉代环首刀。根据古书记载，唐代士兵的标准装备包含1把弓、30支箭、1把横刀和1套箭服等。

目前考古专家仅在陕西长安南里王村窦皦（jiǎo）墓中发现过一把唐刀实物，证明初唐大部分军用横刀均保留着环首。为什么唐朝人很少用战刀陪葬呢？研究者猜测，这是朝廷担心唐刀流入民间，所以禁止将士私藏所致，当时甚至会对刀具进行集中销毁。

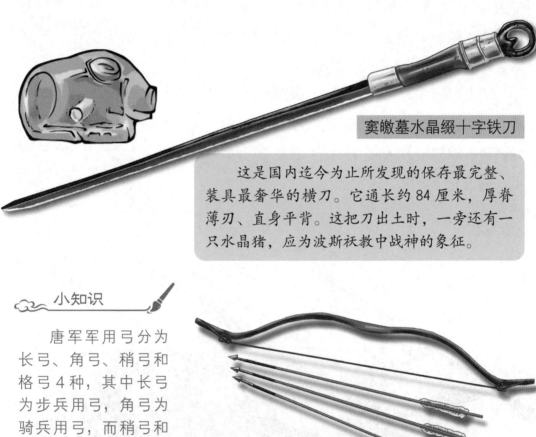

窦皦墓水晶缀十字铁刀

这是国内迄今为止所发现的保存最完整、装具最奢华的横刀。它通长约84厘米，厚脊薄刃、直身平背。这把刀出土时，一旁还有一只水晶猪，应为波斯祆教中战神的象征。

小知识

唐军军用弓分为长弓、角弓、稍弓和格弓4种，其中长弓为步兵用弓，角弓为骑兵用弓，而稍弓和格弓是禁卫军专用武器。

唐军使用的弓箭

除了弓，唐军的远距离射击武器还有弩，但弩主要由轻骑兵使用。弩根据射程和结构不同，一般分为四类：伏远弩（射程450米）、擘张弩（射程345米）、角弓弩（射程300米）和单弓弩（射程240米）。

唐军的铠甲被称为"唐十三铠"，共有 13 种，其中明光、光要、锁子、山文、乌锤和细鳞是铁甲，皮甲、木甲、白布、皂绢和布背则是以制造材料命名的铠甲。唐军使用最普遍的铠甲叫明光铠，这种铠甲的前胸和后背处设有圆形金属板，金属被打磨得很亮，像镜子一样，在日光的照耀下会反射出耀眼的光芒，铠甲名称中的"明光"就是由此而来。明光铠的样式很多，繁简不一。

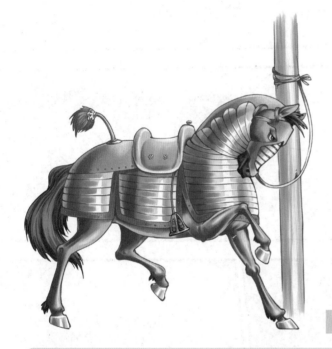

唐代明光铠复原效果

唐代马铠

　　唐军的战马也会穿戴盔甲。整套盔甲可分为保护马头的"面帘"，保护马颈的"鸡颈"，保护马胸的"当胸"，保护马身的"马身甲"，保护马臀的"搭后"和竖立在马臀部的"寄生"。

　　唐朝的步兵大多来自军户，他们在日常生产之余，还会训练弓箭技术和使用长矛作战。每 10 个步兵就要配备 6 匹马，也就是说，唐朝的步兵可以根据情况随时转化成骑兵。这种编制大大增加了唐朝军队的机动性和战力。

# 小剧场：烟花和火药

是啊，烟花好漂亮。但在古代，这可是种武器。

烟花里面装了火药，所以会在天空中炸开。

你们知道是谁发明了火药吗？

是谁？

好像是……嗯……是唐朝人？

没错。在唐末的战争中，士兵们就开始使用火药武器了。

27

# 黑火药的应用

隋唐时期诞生了一项至关重要的发明——黑火药，只有在军事中使用的火药才叫黑火药。

火药的出现其实是一个巧合，它源自炼丹师在炼丹时进行的误操作，导致燃起了大火。丹药虽然没有炼成，却让人阴差阳错地掌握了火药的配方。唐初期的名医孙思邈在《丹经内伏硫黄法》中记载了火药配方。到了唐中期，有一个叫清虚子的炼丹师把孙思邈的火药配方改进后，制作出了黑火药。

炼丹师发现火药配方

自从掌握了黑火药的配方，火药便开始被用于军事领域。

古代战争中常用的进攻方式是火攻，而从唐朝开始，火药包代替了油脂火球，开始成为火攻的武器。那时的火药武器主要有两种：火药包是把火药制成球状，点燃后用抛石机抛掷出去；火药箭则是把火药绑在箭头上，将引线点燃后用弓射出。根据史书记载，唐末五代时期，有一个叫郑璠（fán）的武将，在战场上使用过叫作"飞火"的热兵器，"飞火"就是一种火药箭。

在唐代，虽然火药开始在军事领域发挥作用，但用火药制作的热兵器还很原始，所产生的杀伤力也比较有限。真正让火药发挥威力的火炮，是宋朝才诞生的。

火药箭复原效果

唐末的战争中出现了"发机飞火"的记载。

29

# 千年赵州桥

在我们的语文课本中，曾经提到过一座古桥，它因为建造年代久远、跨度大、设计先进而被称为"天下第一桥"，这就是修建于隋朝的赵州桥。

赵州桥修建于公元595年—公元605年，距今已有1400多年的历史。桥全长50.82米，宽约9.6米，全部用石头砌成，共用石料1000多块，最大的石块重达1吨。如此巨大的桥却采用单孔石拱形式，在当时是空前的创举。赵州桥把中国古代建桥技术提升到了全新的高度，标志着隋朝时中国建桥技术达到了世界先进的水平。

在历史的长河中，赵州桥经历了8次以上地震、8次以上战乱，承受了无数次人畜车辆重压和冰霜雨雪的侵袭，但它至今仍然巍然矗立在洨（xiáo）河上。看到它，我们不得不敬佩设计者李春的智慧和古代工匠的高超技艺。

赵州桥

# 1300 年前的国际大都市

隋唐两朝的主要都城长安的规模极大、建筑非常宏伟、规划布局甚为规范。长安城由郭城、皇城、宫城等构成，面积超过 87 平方千米。

城市最北面的宫城是皇室居住的地方。稍南面的皇城是中央官署区，是皇帝与朝廷大臣开会、办公的地方，也是国家级典礼的举办地。在宫城与皇城的东、西、南三面，分布着 108 个坊，以及南北向大街 11 条、东西向大街 14 条。长安城的中心设有两个商务区，分别叫东市、西市，全城的商店都开在这里。

小知识

唐长安城是在隋大兴城的基础上扩建而来。它布局合理、规模宏大，是一座国际化大都市。

唐长安城平面图

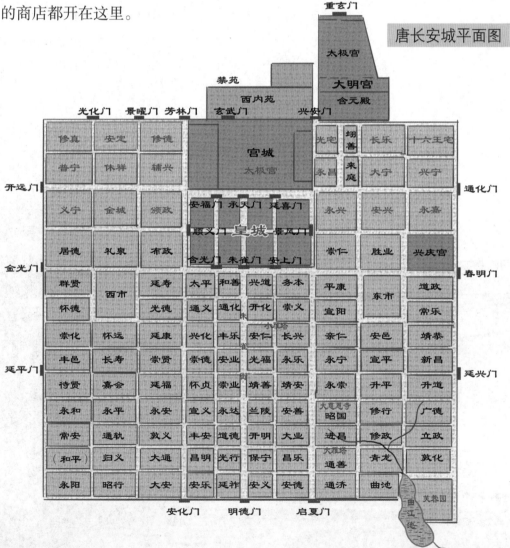

长安城的布局像棋盘一样工整，城中街道笔直，道旁绿树成荫。普通的街道宽30米以上，通向城门的大街，如皇城正门的朱雀大街则宽达150米。街面中间高、两边低，路两旁有宽达3.5米的排水沟。

　　朱雀大街的南边连接着长安城的正南门——明德门，这是长安外郭最大的城门。每日，随着承天门的鼓声响起，明德门徐徐开启，城外百姓以及中亚、波斯的商旅纷纷拥入长安城，场面十分壮观。

朱雀大街想象图

长安城中最热闹的地方是东西两市，尤其是西市。根据文献记载，西市聚集了许多的"胡人"，他们中的大部分是来做生意的。我们现在常吃的葡萄、胡萝卜、黄瓜就是这些商旅带入中原的。商人们还在西市开了许多酒肆，来自西域的乐师、舞伎在酒肆中为客人表演歌舞。可以说，西市不仅是热闹繁华的市场，还是国际文化交流中心。

　　唐朝经济发达、社会开放。长安城中有数不尽的工坊、饭馆、酒肆、当铺、钱庄，还有许多宗教场所。根据记载，当时的长安城中不仅有众多佛寺、道观，还有波斯拜火教的寺庙和基督教的教堂。外国的学者、僧侣纷纷来到长安学习、工作。

长安西市想象图

长安城中的胡人

在唐朝时，人们把西域民族的人统称为"胡人"。他们不只将中亚、西亚的物产带到了中原，还带来了许多工艺技术、流行时尚。胡人穿着的"胡服"是一种轻便、利于活动的服装，很多中原人也很爱穿。

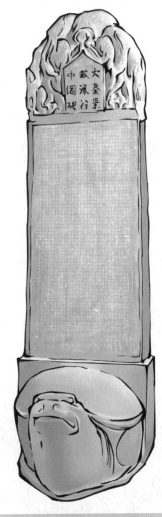

唐大秦景教流行中国碑

古代称东罗马帝国为"大秦"，"景教"就是基督教。这座碑是为纪念公元781年长安大秦寺建立而立，它见证了基督教传入中国的历史，也见证了长安城的开放和包容。

# 隋唐建筑

隋唐时期，中国建筑已经发展到了成熟时期，形成了一套完整的建筑体系。富有中国特色的木楼建筑、梁柱架构、斗拱形式都已发展到了顶峰。

我国目前现存4座唐代木结构建筑，都位于山西省。从这些建筑身上，我们有幸能够领略隋唐建筑的特征：斗拱硕大、鸱（chī）吻简单而粗犷、屋檐高挑、柱子较粗、色调单一。这些特征让隋唐建筑呈现出一种庄重、大气的古朴美感。

佛光寺大殿

佛光寺位于山西五台，是中国早期木结构建筑的典范之作。其中一些部件虽然在后世被更替，但绝大部分建筑结构仍为晚唐原构。屋檐处斗拱粗大，使屋檐看上去较为深远。

南禅寺大殿

南禅寺位于山西五台，大殿重建于公元782年，是中国最古老的唐代木结构建筑。它的屋顶十分平缓，与明清建筑形成了强烈对比。屋顶上除了鸱尾，正脊与垂脊上没有任何花纹装饰。

唐代的宫廷建筑组群主次分明，高低错落，大型廊院由楼、廊、庭等建筑组成，结构很复杂，具备更立体的美感。

唐代长安城、洛阳城等均建有多座雄伟的城门。城门有 3 或 5 条门道，门道上方是华丽的门楼。在一些重要城门的门楼两旁，还设有朵楼。

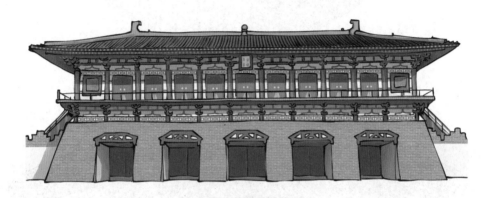

明德门想象图

明德门是长安城的正南门，是外郭城中唯一有 5 个门道的城门。门道进深 18.5 米，各门道之间夯土隔墙厚近 3 米。门道两侧都有排柱，顶部是城门楼观。明德门始建于隋代，后在公元 654 年重建。

复原后的应天门

应天门是隋唐洛阳城的正南门，是一座由门楼、朵楼、东西阙楼和廊庑(wǔ)构成的"凹"字形巨大建筑群。2016年，人们根据考古结果和历史资料复原了应天门，现在这里是应天门遗址博物馆。

洛阳武则天明堂复原图

　　明堂是唐代洛阳宫城的大朝正殿，又称"万象神宫"，它是世界历史上体量最大的木质建筑。今天在原明堂遗址的位置，人们修建了隋唐洛阳城国家遗址公园，并在里面新建了一个明堂。上图是根据建筑史学家杨鸿勋复原的明堂图绘制。

隋唐尊崇佛教，在全国各地都修建了大量佛寺、佛塔。大部分佛塔都是砖石建筑，它们跨越千年，留存至今，成为我们研究隋唐建筑的宝贵实物资料。

隋唐时期，佛塔主要有 3 种形式：楼阁式、密檐式和单层式。其中，砖石楼阁式塔是用砖仿制木楼结构，砌出梁、柱、枋的建筑，这也是最常见的佛塔样式。我国现存最大的四方楼阁式砖塔，正是西安的大雁塔。这座塔是玄奘为保存从印度带回的佛像、经书而建。虽然大雁塔经历了多次改建，层数不断改变，但仍保留了原来的结构和样式。

西安大雁塔

大雁塔原高 5 层，现为 7 层。大雁塔是我国现存规模最大的四方楼阁式砖塔。

南北朝时期，从楼阁式佛塔中演变出了新式佛塔，叫密檐式塔。这种塔的第一层很高大，而第一层以上每层的层高却特别小，各层的塔檐紧密重叠着。这种样式的佛塔在唐代非常流行。

**西安善导塔**

积香寺位于西安，是一座唐代古刹，始建于公元681年。寺内的善导塔，是僧人为纪念祖师善导而修建的。善导塔为密檐式砖塔，原为13层，现存11层。与同时期的唐塔相比，善导塔风格较为细腻。

位于云南大理的千寻塔是典型的唐代密檐式砖塔。塔上文字除梵文外，还有大量汉字。专家从塔中清理出许多文物，如唐代铜钱，铸刻"湖州""成都"字样的青铜镜，以及瓷器、经书等。这些文物说明这里自古以来就与中原保持着密切的经济文化往来。

西安小雁塔

　　小雁塔位于西安荐福寺内，修建于唐景龙年间，是为了存放唐代高僧义净从天竺带回来的佛教经卷、佛图等宝物而建，与大雁塔同为唐长安城保留至今的重要建筑。小雁塔是密檐式塔，原有 15 层，现存 13 层，塔形玲珑秀丽，塔身宽度自下而上逐渐递减，全部轮廓呈锥形形状。

大理千寻塔

　　在唐代，现在的云南大理地区为独立的南诏国，千寻塔为南诏崇圣寺三塔中最大的一座。这座佛塔采用了唐代流行的四角密檐式结构，可见当时南诏深受中原文化影响。考古人员在维修千寻塔时，曾从塔中清理出了南诏国、大理国的佛像、写本佛经等文物 600 余件。

南京栖霞寺舍利塔

栖霞寺舍利塔建于五代时期，是中国最大的舍利塔。整体结构紧凑，石面布满了浮雕，开创了密檐式塔华丽装饰的先风。

隋唐佛塔中还有一种常见的形式是单层塔。单层塔大多是僧尼墓塔，唐代以后出现得很少。塔平面有正方形、六角形、八角形和圆形几类。塔座较高，塔身砌筑装饰精美，塔顶有宝珠。隋大业七年（公元611年）建造的神通寺四门塔是这类塔中的精品。

山东神通寺四门塔

四门塔位于山东历城。塔为单层四方形，用青石砌成。塔顶立刹，四角饰以山花蕉叶装饰。全塔风格朴素简洁，跟当时模仿木结构装饰的砖塔风格截然不同。

# 巧存粮食

公元 605 年，隋炀帝将国都搬到了洛阳。洛阳位于富饶的华北平原，是北方的粮食集散中心，同时也是隋朝南北大运河的终点，江南的物资可以通过运河源源不断地运到这里。公元 606 年，隋炀帝在洛阳城外修建了一座国家级的粮仓，取名为回洛仓。这座粮仓规模巨大，建造工艺先进，即便放在今天，人们也会赞叹不已。

回洛仓遗址

回洛仓遗址位于今河南洛阳小李村，图中每个圈都曾是一座仓窖。

回洛仓仓窖

回洛仓是隋炀帝在洛阳设置的"国家粮仓"，其主要功能是为洛阳都城内的皇室和百姓供应粮食。据推算，仓城中大约有 710 座仓窖，每座仓窖直径约为 10 米。

1.将仓的基槽夯实，再挖出仓窖空间。

2.将仓壁拍打结实后，用火烤，使周围土层完全干燥。

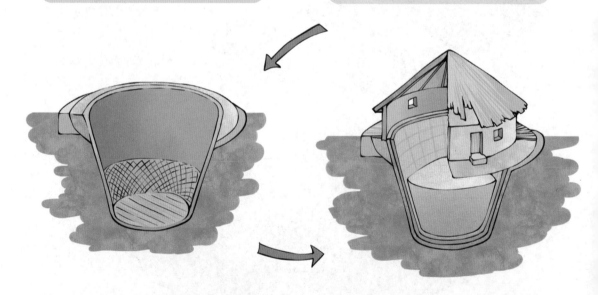

3.在仓壁铺青膏泥作为防水层，再依次铺设木板和竹席。

4.修出仓窖的地面建筑。这样建造出的仓窖内部干燥，粮食可以在里面储存很多年。

回洛仓仓窖建造流程

回洛仓虽然规模巨大、设计科学，但它的地理位置却有致命的缺陷——设在洛阳城的外面，发生战争时，很难有足够的士兵保卫。唐朝吸取了这一教训，将新的粮仓修在了城内。

唐朝的国家粮仓叫含嘉仓，始建于隋大业元年，它包含400多座粮窖。根据史书记载，唐朝天宝年间，含嘉仓的粮食储量占全国的46%。

粮食安全是国家安全的重要保障，隋唐时期规模宏大的粮仓奠定了隋唐安定繁荣的基础。

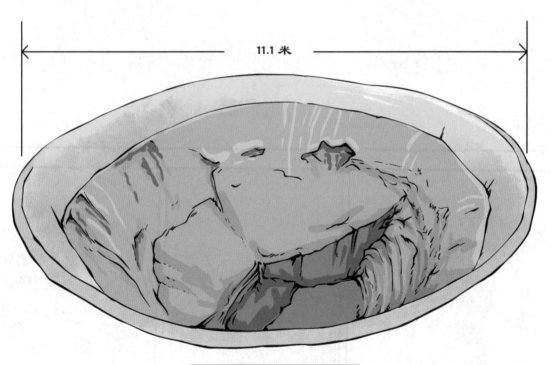

**含嘉仓 160 号仓窖遗址**

仓窖口呈圆形，直径11.1米，窖总深6.2米。考古学家找到这座粮窖时，发现窖内堆积着大半窖炭化的粟。根据推算，这个粮窖装满的话，可以储存250吨粮食，够1000人吃1年。

## 小剧场：初到大明宫

这就大明宫的大门丹凤门，是建筑大师梁思成先生设计复原的。

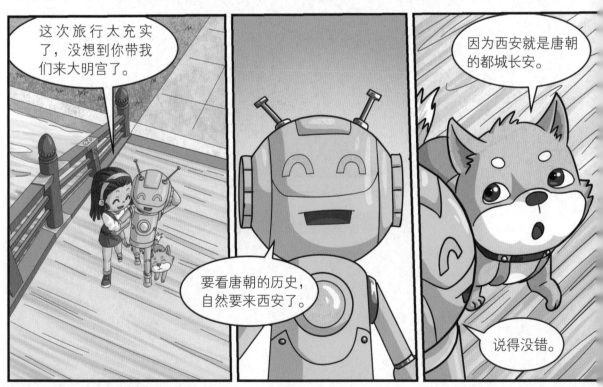

这次旅行太充实了，没想到你带我们来大明宫了。

要看唐朝的历史，自然要来西安了。

因为西安就是唐朝的都城长安。

说得没错。

47

# 世界上最早的机械钟

　　唐初的天文爱好者梁令瓒（zàn），在研究前人发明的天文观测仪器之后，和僧人一行制作出了一种新的天文仪器——黄道游仪，并用它测量了二十八宿距天球极北的度数。梁令瓒在使用黄道游仪观测星象时，第一次发现了恒星位置变动的现象，这一发现比欧洲要早约 1000 年。

　　一行利用这些先进的天文观测仪器对太阳、月亮和五大行星进行观测，记录了更详细的天体运动数据和轨迹，并根据自己的观测结果编纂了《大衍历》。《大衍历》在唐代使用了几十年后传入日本，极大推动了东亚地区的天文学发展。

### 小知识

　　一行不仅是僧人，还是世界上第一个测量地球子午线的天文学家。

一行像

黄道游仪复原模型

据史书记载，梁令瓒经过试验、比较前人的天文观测仪器，按自己的设想绘制了图样，又用木料制成了黄道游仪，经过常规演示，发现效果非常好。

一行还和梁令瓒一起设计了水运浑天仪。这个机器以汉代张衡制作的水浑仪为基础，通过水车带动机器运转，在机器内模拟天体运动，进行天象预测。浑天仪上还设有两个木人，一个木人每刻（古代一昼夜分为一百刻）自动击鼓，另一个木人每时辰（古代一个时辰为两个小时）自动撞钟——这算是世界上最早的机械钟。

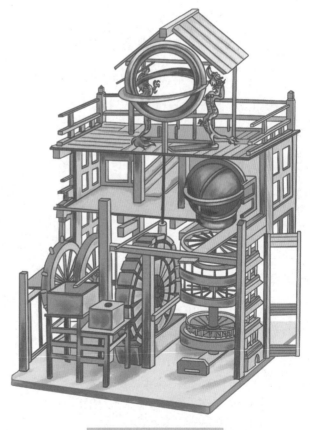

水运浑天仪想象图

## 《西游记》的主角

《西游记》大家都很熟悉吧？其实，这部小说是根据唐代僧人玄奘取经的真实经历改编的。

玄奘生活在唐朝初年，那时佛教已经在中原得到广泛传播。但玄奘在学习佛法的时候，发现经书中有很多自相矛盾和错误的地方，为了阅读到更准确的佛经，他决定前往佛教的发祥地求学。

玄奘像

公元627年（一说公元629年），玄奘从长安出发，途经我国现在的甘肃、新疆等地，历经艰险终于到达了天竺，进入了当时世界上最大的佛教学院——那烂陀寺。在寺中学习多年，掌握了丰富知识以后，他外出游历，走遍了南亚次大陆，并记录下南亚诸国的风土人情。在公元645年，玄奘带着大量佛经回到了长安。

小知识

历史上曾有多位高僧从长安出发前往天竺取经，其中最著名的有两位，一是东晋的法显，另一位就是唐朝的玄奘。两人不光取回了佛教经典，还记录了大量中亚、南亚的风土人情和地理知识。

初唐时的西域，分布着几十个小国家。唐玄奘在一路西行的过程中，记下了这些小国的风土人情以及历史、军队、贸易情况。西域的很多小国，后来都因为环境变化、战争等原因消失在了历史长河中，而历史学家依靠玄奘的记录才得以还原新疆及中亚的历史、音乐、服装和文化。

龟兹歌舞

今天新疆阿克苏地区在隋唐时曾是龟兹（qiū cí）国属地，龟兹文化以歌舞、音乐闻名，隋唐时期，龟兹歌舞曾经风靡长安。玄奘也曾在龟兹观赏歌舞。

甘肃榆林窟东千佛洞第2窟壁画

该窟壁画有表现玄奘西行的内容，其中有一个胡人行者，画家用夸张的技法表现了他与中原人不同的样貌。研究者因此推测，这或许就是《西游记》中孙悟空的原型。

玄奘的取经之旅共耗费十余年，这期间，他让徒弟们根据自己的口述，记录下了这些地方的地理环境、风俗人情、历史及现状、土特产品以及传说故事，并编纂成《大唐西域记》。《大唐西域记》是研究中亚、南亚地区古代史、宗教史的重要文献。19 世纪 30 年代，英国人康宁汉姆正是参考了《大唐西域记》的记录，才最终找到了那烂陀寺、菩提迦耶的大菩提寺等众多佛教遗址。

那烂陀寺遗址

　　那烂陀寺曾经是世界上最大的佛教学院，南亚最古老的大学。但在玄奘留学回国后不久，佛教便开始在印度衰落，这座寺庙也逐渐荒废了。

**巴米扬大佛想象图**

　　玄奘的《大唐西域记》中记载了一个梵衍那国，说这个国家在雪山山谷中，山崖上有大小石窟 6000 余座，石窟群中有 6 尊巨大佛像。经过考证，梵衍那国就是今天的阿富汗巴米扬地区，玄奘记载的佛像很可能是著名的巴米扬大佛。巴米扬大佛在玄奘离开后仍矗立了 1300 多年，直到公元 2001 年被毁坏。

# 小剧场：穿越到唐朝去喝茶

55

## 流传千年的茶文化

唐朝时，由于经济发达，人们生活富足，喝茶作为一项休闲活动开始在民间普及。中国人以茶待客的礼仪也是始于这时。

中国是茶的"故乡"，传说神农氏是第一个喝茶的人。但到了唐代，人们开始为喝茶赋予了新的文化意义。唐代的茶，与我们现在的喝法很不一样，茶叶需要喝茶的人炙烤、碾磨，在喝的时候还要加入盐和配料一起煮。与亲友一起加工茶、喝茶便成了一项风雅的休闲活动。

《唐人宫乐图》中的茶会

《唐人宫乐图》是北宋画作，画中描绘了唐代仕女奏乐、饮茶的生活情景。

学者陆羽将茶叶的加工方法、烹煮方法、使用的器皿等知识归纳起来，撰写出了《茶经》，这是中国乃至世界最早、最完整、最全面介绍茶的专著，被誉为茶叶百科全书。再后来，茶文化传到了朝鲜、日本，对东亚的文化发展产生了深远的影响。

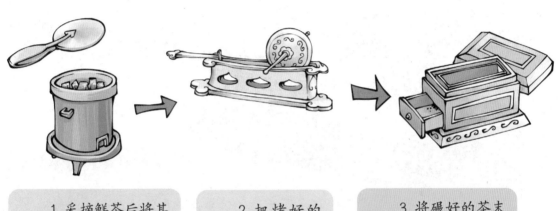

1. 采摘鲜茶后将其制作成茶饼储存。喝茶前，先把茶饼烤干。

2. 把烤好的茶饼用专门的器皿碾成碎末。

3. 将碾好的茶末过筛，保证茶末粗细均匀，形状一致。

6. 把茶汤上层的水膜去掉，然后分入碗中饮用。

5. 往茶汤里加入盐、姜、葱等进行调味。

4. 在水快要烧开时，投入茶末。

《茶经》中记载的煎茶流程

1987 年陕西扶风法门寺地宫出土了一套唐朝茶具，让我们有幸一睹唐朝茶具实物的风采。这套茶具全部用银打造，部分采用鎏（liú）金工艺，是皇家专用的器物，展现了唐朝高超的金银加工技术和唐朝对茶文化的重视。

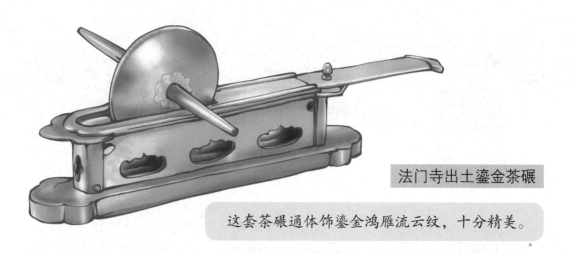

法门寺出土鎏金茶碾

这套茶碾通体饰鎏金鸿雁流云纹，十分精美。

法门寺出土鎏金茶罗子

茶罗子是一种筛子，唐人用它来过筛茶末。这套茶罗子为银器，饰有鎏金仙人驾鹤纹。

法门寺出土鎏金银盐台

唐代以前，茶叶主要为野生茶，采茶人会根据时节入山采茶。唐代饮茶风俗普及后，采集野生茶的方式已经不能满足巨大的消费需求，于是人们开始种植茶树。在当时，适合茶叶生长的南方地区出现了很多茶园，茶园相连形成了茶区，这是唐代茶叶生产走向繁荣的标志。

种茶树与传统农业有所区别，所以唐朝出现了很多专门研究茶树培育的著作，比如韩鄂的《四时纂要》，这本书详细介绍了唐代江淮地区种茶法的具体程式和步骤，包括选地、耕耘、施肥、下种、中耕、追肥、采茶、收茶籽等。

小知识

唐朝开始大规模种植茶树。他们的茶叶向外输出，深刻影响了亚洲甚至世界。

茶山

# 由盛转衰的炼丹业

在古代，很多人为了追求长生不老而开始炼丹，这种风气在唐代达到了顶峰。所谓 "炼丹"，是将多种中草药、矿物放在一起用高温加工，做成药丸。那时的人相信，只要炼出特定的炼丹服下，就能长生不老。这种想法当然是无稽之谈，但是炼丹术的盛行却在无意间促进了医药学的发展。

孙思邈在《千金方》中记载了一种"太一神精丹"，可以治疗疟疾；经现代医学研究后发现这种丹药的主要成分是砒霜，砷剂的确具有治疗疟疾的功效。王焘（dào）在《外台秘要》中记载了一种"白降丹"，用来治疗皮肤病，增加伤口愈合的速度；现代医学研究后发现白降丹的主要成分是氯化汞，欧洲直到 16 世纪才学会合成、使用。还有苏敬等人编写的《新修本草》中，记载了用银汞合金制作补牙时的填充剂，这也比欧洲早了1000 多年。

炼丹

何家村出土银石榴罐

研究者根据史书的记载，推测这只石榴罐为古代炼丹用的简单蒸馏器。

何家村出土仰莲瓣座银罐

根据一同出土的石榴罐，研究者推测这也是一件炼丹用具。

炼丹活动起源于春秋战国时期，在唐朝发展到巅峰，但唐朝之后就由盛转衰了。为什么会这样呢？"仙丹"往往含有大量汞、砷、铅等有毒物质，长期食用会中毒甚至死亡。唐朝时便有不少人因沉溺炼丹而丢掉性命，所以人们开始反思炼丹活动。公元855年，一部医书《悬解录》指出"仙丹"有毒，建议把丹药引向草药的方向。于是，被证明确实有医用价值的丹药被归入了本草类医药，社会上的炼丹热也逐渐偃旗息鼓了。

《悬解录》指出"仙丹"有毒

## 新型纸张的诞生

造纸术是中国古代四大发明之一，早在西汉时便开始出现。但唐朝以前的纸大部分以麻为原料，造出的纸张种类单一。唐朝时，人们开始用树皮、竹和很多新的植物材料造纸，这大大降低了造纸的成本，丰富了纸的种类。为了造出精致、紧实的纸张，唐朝工匠增加了纸浆的过滤工序，还会手工去除杂质，在他们的努力下，更洁白、坚韧的纸出现了——这就是后来在书画中大量使用的宣纸。

唐代纸的产量已相当可观，种类也很丰富，常用的纸有短白帘纸、蜡纸、布丝藤角纸、黄麻纸、白麻纸、桑皮纸等。不同的纸受到不同人群的欢迎。比如唐代时社会上流行一种带有纹理或图案的水纹纸，这种纸迎光看时能显示透亮的线纹，很漂亮，因此受到艺术家的青睐，百姓也常用这种纸来做信笺、糊灯笼。

宣纸制作流程

黄麻纸是一种麻纸，制作时加入了黄檗（bò）汁，黄檗具有染色和驱虫的双重功效。这种纸的纸质粗厚，耐久防蛀，常用于抄写经文。唐朝时，匠人们还发明了蜡笺，即在黄麻纸上涂蜡或油后制成的纸。黄麻蜡笺可以防水、防虫，保存时间更长。

唐代纸灯笼

纸灯笼应在东汉以后才出现，至唐朝时被称为"唐灯"。唐代纸灯笼以细竹丝制成竖骨或交叉骨架，外面罩薄纸或丝帛。

敦煌遗书残卷

敦煌遗书指发现于敦煌莫高窟17号洞窟中的一批书籍，成书于公元4世纪至11世纪，其中有大量纸质手抄经，不少纸是黄麻纸。现在这些遗书分散在中国国家图书馆、大英博物馆等世界各地。

唐人制作的纸除供书写、绘画使用外，还可以用来做灯笼、糊窗户、做衣帽，甚至做铠甲！《新唐书·徐商传》中就曾提到"襞（bì）纸为铠"，即把纸张反复折叠后做成纸甲片，再把纸甲片连缀起来做成铠甲。

纸甲复原效果

《新唐书·徐商传》和明朝《涌幢小品》中都提到过纸甲，北宋《资治通鉴》中也有记载，五代时淮南有一支农民起义军，以纸做甲，当时的百姓称他们为"白甲军"。图中纸甲铠为现代研究者根据史书复原的效果。

1973 年，考古学家在新疆阿斯塔那的唐朝将军张无价的墓中，发现了一副用纸做成的棺材。纸棺是用军营中的废纸制作的，上面写满了墨字，内容包括大将军写奏折的草稿，还有记录唐军的人数、军械以及粮草情况的书信、公文，这些资料十分珍贵，没想到竟然以棺材的形式被保留了下来。

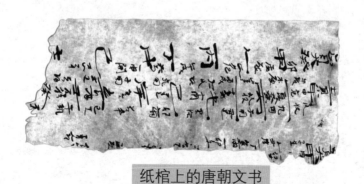

纸棺上的唐朝文书

张无价使用纸棺是无奈之举，因为他镇守的吐鲁番地区缺少木材，所以将士们采用废纸制作了棺材，但这一举动却在无意之间保留了大量珍贵的唐代文书。

# 古人的印刷术

　　中国古代四大发明之一的雕版印刷术也诞生在唐代。在秦代以前，人们多把文字写在竹简、木板上，后来汉朝人发明了纸，于是纸成了传递知识、讯息的主要媒介。但是用手写字很慢，如果要抄写一本书的话，更是耗时耗力。那有没有什么快速制作书的技术呢？这就要提到唐朝发明的雕版印刷术了。

　　雕版印刷是将需要印刷的内容提前刻在木板上，再用木板蘸墨，把内容转印到纸上，这样可以轻松地复制成千上万份。唐朝初年，就有人用雕版印刷的技术印制佛像、经咒、发愿文以及历书——形式类似现在的宣传单。到了唐代中期，人们已开始大规模使用雕版印制诗歌、专著。根据记载，公元835年前后，四川和江苏北部都曾有人用雕版印制日历，拿到市场上出售。

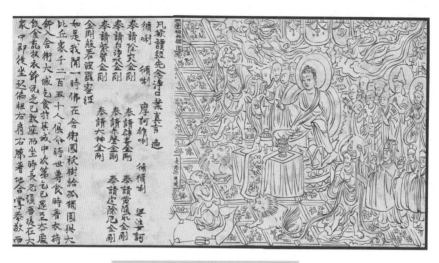

唐代雕版印刷的《金刚经》

现存最早的雕版印刷品是公元 868 年的唐代《金刚经》，该印刷品现藏于大英博物馆。

唐朝后期，印刷品的内容开始从宗教向世俗著作转变，面向大众的工具书、医书和历书得到了大量印制。在当时的四川，雕版印刷的《昭明文选》就很流行。

雕版印刷的《昭明文选》

《昭明文选》又称《文选》，是由南朝梁武帝的长子萧统组织文人共同编选的诗文总集，也是中国现存最早的一部诗文总集。

# 青白瓷交相辉映

陶瓷是最能代表中国文化的器物，中国人从远古时期便开始烧制陶器。到了隋唐时期，陶瓷的制造工艺得到了进一步提升，釉色也有了进一步丰富。

隋唐的两大知名瓷器是青瓷和白瓷。青瓷在唐代又名"秘色瓷"，"秘色"的意思是"保密的釉料配方"，可以看出青瓷的制作工艺在当时属于行业机密。一直以来，考古专家都不知道"秘色"到底是什么颜色，直到在法门寺地宫中找到了13件青瓷器皿，根据地宫中资料的记载，才知道传说中的秘色瓷就是青瓷。

唐越窑青釉八棱瓶

这只青瓷瓶出土于法门寺地宫，烧造时间约为公元874年。

五代越窑青瓷莲花碗

青瓷以越窑最负盛名。所谓越窑，是指浙江宁波、绍兴一带的窑厂和他们烧造的瓷器。越窑是我国持续时间最长、影响范围最广的窑系，从东汉到宋代的1000多年间，一直很兴盛。唐代的文人雅士喜欢用越窑青瓷的茶具喝茶，因为他们认为青瓷的釉质和青绿的色彩，能够完美地衬托茶汤的颜色。陆羽也在《茶经》中，形容青瓷"类玉""似冰"，是极好的茶具。

这只瓷碗是维修苏州虎丘云岩寺塔时，从塔内出土的越窑青瓷精品，现藏于苏州博物馆。瓷碗光洁如玉，清澈碧绿，如宁静的湖水一般，展现了唐末五代时期越窑青瓷的高超工艺。

隋唐的陶瓷烧造呈现出"南青北白"的局面，"南青"是指南方越窑烧造的青瓷，而"北白"就是指河北邢窑烧造的白瓷了。邢窑白瓷胎质细洁、釉色白润、风格朴实、不带纹饰。河北邢窑的白瓷始于北朝，在唐代中期达到鼎盛，邢窑白瓷不仅是皇家贡品，还曾远销海外。

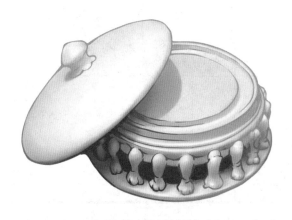

**唐邢窑白瓷多足砚**

现藏于河北邢窑博物馆。隋朝及唐朝初年的白瓷器物主要有碗、罐、盆、钵、杯、壶、印花扁壶、砚台、摆件等。

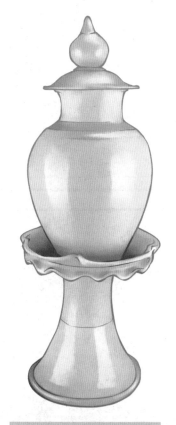

**隋白釉带托塔形盖罐**

河北临城出土，现藏于河北临城县文物保管所。

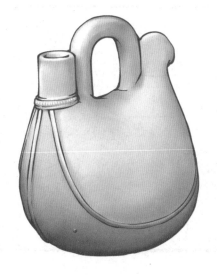

**唐邢窑白瓷皮囊式壶**

它的造型模拟了皮囊水壶，说明唐朝中原深受西域文化的影响。现藏于中国国家博物馆。

这个怪物好像是陶瓷雕塑。

娜娜，我要给你出考题了：这是什么？

我知道了，这是唐三彩！是……什么……兽？

答对了一半。这是唐三彩的镇墓兽。

镇墓兽看起来很可怕，但古人相信它们保护着墓主人的安全。唐朝以后，镇墓兽就很少见了。

71

## 大名鼎鼎的唐三彩

隋唐时期陶瓷的釉色开始由单一变得丰富，这一点我们从唐三彩上就可以窥见一斑。唐三彩是一种陶器，它的制作难度比瓷器小，但制作出的器物胎质松脆，防水性能差，不适宜作为生活器皿，所以在隋唐时期主要作为冥器使用。

中国人自古有"事死如事生"的观念，即认为死者在死后可以去往仙界，因此要把他生前喜爱的事物也埋进坟墓里，让他一起带走。埋进墓中的器物就叫冥器。我们在唐代墓里发现了大量唐三彩器物，它们大多是现实中墓主人喜爱的事物的"替身"。

唐三彩冥器

唐三彩是一种低温釉陶器，在色釉中加入不同的金属氧化物，经过焙烧，便形成浅黄、赭黄、浅绿、深绿、天蓝、褐红、茄紫等多种色彩，但多以黄、褐、绿三色为主，因此被称为"三彩"。

考古学家在唐朝人的墓中发现的唐三彩器物非常丰富，除了生活器皿如碗、盘、壶、盒等外，还有马匹、骆驼、胡人俑、乐人俑、武士俑、房屋模型等。动物俑和人物俑的制造难度比普通器物大，更能体现唐朝工匠们高超的雕塑技艺。另外，很多人物俑的细节非常完备，对我们研究唐朝衣着、装扮有很大帮助。

唐三彩载乐骆驼俑

这件器物用夸张的方法，表现了乐队在骆驼上演奏的场景：驼背上的男子乐师手持笙、琵琶、排箫、拍板、箜篌等乐器，中间为一体态丰腴的女子。现藏于陕西历史博物馆。

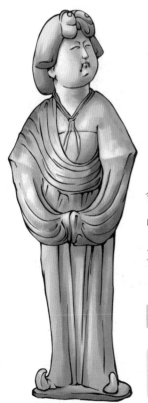

唐三彩中有大量胡人俑、骆驼俑，体现了唐朝社会的开放，以及中原与西域友好交流的事实。唐三彩中的仕女俑人物形象鲜活，人物的服装、发饰细节丰富，为我们研究唐朝生活提供了宝贵资料。

唐三彩仕女俑

现藏于陕西历史博物馆。这尊仕女俑直观地向人们展示着唐朝崇尚丰腴的审美观。

### 唐三彩武士俑

唐三彩中有大量身着唐代明光铠的武士俑，它们的装束为服装专家还原唐代铠甲提供了参考。武士俑和佛教天王俑，在唐墓中都有镇墓的用意。

唐三彩仕女坐俑与唐代发型

图中女性发髻高高隆起，这正是初唐时流行的半翻髻。

在唐三彩艺术品中，还有一类很特别的雕塑，叫作"镇墓兽"。唐三彩镇墓兽是一种想象的、集多种动物于一体的神兽，它们的形象是从战国楚墓中的镇墓兽发展演变而来。唐墓中的镇墓兽形象种类发展到了极致。镇墓兽有人面的，也有兽面的，它们的样子凶狠狠的，看起来很吓人，但古人相信，它们是在保护墓主人的安全。如果把镇墓兽想象成古墓中的"保安"，就没这么可怕了。

唐三彩镇墓兽

镇墓兽较能体现战国至唐代的社会风气、丧葬观念、审美意识。

# 漆器上的新工艺

在唐代，漆器工艺得到全面提升。漆器，是指将漆涂在各种器物上制成的工艺品。在周朝时，中国的漆器工艺便已成熟。而到了唐代，工匠们更是首创了螺钿和雕漆技术——螺钿即在漆器中加入贝壳装饰，雕漆即在漆层上进行浮雕。使用螺钿或雕漆工艺制作的漆器价格十分昂贵，但仍受到人们的追捧，这也从侧面证明了唐朝的富庶。螺钿和雕漆的工艺技法后来传入了朝鲜半岛和日本，对东亚的漆器工艺具有深远影响。

明代剔红间黑带采芝仙人雕漆盒

小知识

唐代是雕漆技术的萌芽阶段，主要是借鉴木刻技法，在漆平面上完成雕刻。当时还出现了双色雕漆，红漆在上，黄漆在下，雕刻后具有简单的浮雕效果。

五代花鸟纹嵌螺钿黑漆经箱

苏州瑞光寺塔出土，现藏于苏州博物馆。箱长35厘米，宽12厘米，通高12.5厘米，通体采用嵌螺钿工艺。

# 后记

　　华夏五千年的历史源远流长，各种重要的科技成就层出不穷，为人类文明的发展作出了不可磨灭的卓越贡献，这是我们每一位中国人的骄傲。不过，我国虽然历来有著史的传统，但对专门的科技发展史却着墨不多。近现代，英国科技史专家李约瑟所著的《中国科学技术史》是一部有影响力的学术著作，书中有着这样的盛赞："中国文明在科学技术史上曾起过从来没有被认识到的巨大作用。"

　　不过，像《中国科学技术史》这样的科技史学著作篇幅浩瀚，囊括数学、天文、地理、生物等各个领域。如何把宏大的科技史用浅显的语言讲述给孩子们，是我一直思考的问题。让儿童也了解我国的科技史，进而对科技产生兴趣，对华夏文明产生强烈的自豪感，那真是意义非凡。

　　经过长时间的积累和创作，这套专门给少年儿童阅读的中国科技史——《科技史里看中国》诞生了。希望这套书的问世能填补青少年科技史类读物的空白。这套书图文并茂，故事性强，符合儿童的心理特点，以朝代为线索将科技史串联起来，有利于孩子了解历史进程。

　　希望《科技史里看中国》能够带孩子们纵览科技史，从历史中汲取智慧和力量，提升孩子们的创造力和科学素养。